Bibliografische Information der Deutschen Nationalbibliothek:

Die Deutsche Bibliothek verzeichnet diese Publikation in der Deutschen National-
bibliografie; detaillierte bibliografische Daten sind im Internet über http://dnb.d-
nb.de/ abrufbar.

Impressum:

Copyright © 2009 GRIN Verlag, Open Publishing GmbH
Druck und Bindung: Books on Demand GmbH, Norderstedt Germany
ISBN: 9783668349711

Dieses Buch bei GRIN:

http://www.grin.com/de/e-book/344485/statistik-im-schulunterricht-der-sekundar-
stufe-i

Katharina Schmidt

Statistik im Schulunterricht der Sekundarstufe I

GRIN Verlag

Universität Erfurt

Erziehungswissenschaftliche Fakultät

Fachgebiet für Mathematik und Mathematikdidaktik

WS 2008/2009

Hausarbeit zum Seminar

„Mathematische Software – Statistik"

Statistik im Schulunterricht

Katharina Schmidt

Erfurt, den 19. Februar 2009

Inhaltsverzeichnis

Abbildungsverzeichnis

1 Einleitung

Im Seminar „Mathematische Software – Statistik" fiel die Wahl für mein Referat auf das Thema „Statistik im Schulunterricht". Dieses erschien mir besonders vielfältig, da man die fachwissenschaftlichen Aspekte mit didaktischen Umsetzungsmöglichkeiten kombinieren kann und gleichzeitig die Möglichkeit besteht, sich mit Statistik-Software zu befassen. Für mich selbst ist dieses Thema ein guter Zugang in die Statistik, da es sehr anwendungsorientiert ist und sich auch gut mit meinem Studiengang „Mathematik für Grund- und Regelschulen" vereinbaren lässt.

Allerdings war ich anfangs auch etwas skeptisch, weil ich persönlich „Statistik" als Unterrichtsthema nicht kennen gelernt habe. Somit habe ich es mir unter anderem auch zum Untersuchungsgegenstand gemacht, die Bedeutung des Themas im Schulunterricht aufzuzeigen und einen Erklärungsansatz für eine eventuelle Vernachlässigung als Unterrichtsthema zu finden.

In dieser Arbeit soll es uns hauptsächlich um die *beschreibende Statistik* und nicht um die *explorative* oder *induktive Statistik* gehen. Diese findet ihre Anwendung im Schulunterricht in der Sekundarstufe I. Da sich mein Studiengang unter anderem mit der Mathematik der Regelschule beschäftigt, werde ich all meine Ausführungen auch auf diese Schulform beziehen. Dazu werde ich mich zunächst mit dem Thüringer Lehrplan auseinander setzen. Zu den darin vorgegebenen Unterrichtszielen werde ich dann einige Vorschläge zu Umsetzungsmöglichkeiten bringen. Am Ende der Arbeit werde ich klären, warum Statistik als Unterrichtsgegenstand seine Berechtigung hat und welchen tatsächlichen Stellenwert sie in der Schulrealität einnimmt.

2 Einordnung in den Lehrplan

Das Thema „Beschreibende Statistik" ist im Thüringer Lehrplan, auf den ich mich in dieser Arbeit ausschließlich beziehe, in der Klassenstufe 8 der Regelschule unter der Rubrik „Stochastik" vorgesehen.[1] Hierbei sollen die Schüler „erste Erfahrungen mit stochastischen Methoden und Verfahren sammeln."[2] Die vorgesehene Behandlung des Themas soll in den letzten beiden Unterrichtswochen erfolgen.

Durch eine selbstständige Planung und Durchführung einer Datenerhebung (im Rahmen eines fächerübergreifenden Projekts) „werden mathematische Grundbegriffe verschiedenster Gebiete auf solche Sachzusammenhänge übertragen, welche die Interessen und unmittelbaren Erlebnisbereiche der Schüler berücksichtigen."[3] Dabei soll es vorrangig um die Gewinnung, Verarbeitung und kritische Auswertung statistischer Daten gehen.

Anhand der erhobenen Daten sollen schließlich Folgerungen für das entsprechende Sachproblem gezogen werden.[4]

Zur Bearbeitung und Auswertung der Datenerhebung sollten die Begriffe "Grundgesamtheit", "Merkmal", "Stichprobe", "absolute" und "relative Häufigkeit" bekannt sein und auch angewendet werden. Besonders die Thematik „Bruch- und Prozentrechnung" kann hierfür wiederholt und angewendet werden. Des Weiteren sollen die Schüler mit den Begriffen "arithmetisches Mittel" (Durchschnitt) und "Zentralwert" bekannt gemacht werden. Aber auch die Problematik der "Spannweite" und der "mittleren quadratischen Abweichung" kann durchaus besprochen werden, wenn es für die Bearbeitung eines Sachproblems her als sinnvoll erscheint.

Unerlässlich für die Veranschaulichung der Ergebnisse der Datenerhebung sollten grafische Darstellungen erstellt und interpretiert werden. An dieser Stelle sollen die Schüler auch irreführende Darstellungen erkennen und auf deren Mängel hingewiesen werden.

Am Ende der Klasse 9 wird unter dem Kapitel „Stochastik" die Wahrscheinlichkeitsrechnung behandelt, die ebenfalls viele Begriffe und Elemente aus der Statistik beinhaltet.

---

1 Lehrplan, S. 44

2 Lehrplan S. 38

3 Lehrplan, S. 38

4 Vgl. Lehrplan S. 45

3 Statistik im Schulunterricht

Auf den folgenden Seiten werde ich eine grobe Unterrichtsplanung zum Thema Statistik durchführen. Dazu werde ich mich größtenteils auf den Thüringer Lehrplan beziehen, werde aber auch eigene Elemente mit einbauen, den Lehrplan erweitern und dessen Reihenfolge etwas verändern.

3.1 Möglichkeiten der Einführung

Im Folgenden werde ich zwei verschiedene Zugänge zum Unterrichtsthema Statistik vorstellen.

3.1.1 Durchführung einer Datenerhebung

Dieser Zugang eignet sich besonders gut als Einstieg, da die Daten aus dem direkten Lebensumfeld der Kinder gesammelt werden. Das Themengebiet wird somit „plastischer" und für die Schüler fassbar gemacht. Des Weiteren ist die Arbeit an einem selbst gewählten Thema meist motivierender als das Lösen von stupiden Lehrbuchaufgaben.

Der Einstieg soll demnach das Interesse der Schüler am Thema wecken und eine intrinsische Motivation zur gewissenhaften Bearbeitung des eigenen gesammelten Datenmaterials fördern.

Falls ein anderer Einstiegs gewählt wird, sollte das Datenerhebungs-Projekt dennoch auf jeden Fall zu einem anderen Zeitpunkt nachgeholt werden (Siehe „3.5 Abschlussprojekt"). Denn kaum ein anderes Unterrichtsthema im Fach Mathematik bietet ein so großes Projekt-Potential wie die Erhebung und statistische Auswertung von gesammeltem Datenmaterial.

Bei dieser Art der Einführung sollen die Schüler zunächst in einem Unterrichtsgespräch ihre Vorerfahrungen bezüglich der beschreibenden Statistik einbringen. Dazu gehört beispielsweise die Aufzählung von Anwendungsmöglichkeiten (z.B. Verkehrszählung, Klassensprecherwahl etc.).[5]

Zu einem ausgewählten Thema könnte dann eine Strichliste angefertigt werden. Dieses Thema sollte so gewählt werden, dass es geschlechtsunabhängig das Interesse der Schüler

---

[5] Vgl. Heilmann, D. (1985). S. 3.

anspricht. Zur Veranschaulichung sollen die Schüler schließlich das Ergebnis grafisch darstellen.

Im Folgenden werden zwei Möglichkeiten der Darstellung aufgezeigt, die sich mit dem Thema „Lieblingsmusikgruppe" beschäftigen:

Abbildung 1: Darstellungsmöglichkeiten.

Somit wäre der Bogen zum Unterrichtsthema „Grafische Darstellungen" gespannt und man könnte, als weitere Darstellungsmöglichkeiten, mit der Behandlung von Säulen, - Block- und Kreisdiagramm fortfahren.

Mit der Vermittlung von weiteren statistischen Grundbegriffen wird die Datenerhebung nach und nach korrigiert und präzisiert, bis am Ende der Unterrichtseinheit eine repräsentative Statistik vorliegt.

3.1.2 Kritischer Betrachtung von Statistiken

Die kritische Betrachtung von alltäglichen Statistiken ist eine weitere Möglichkeit, die Schüler mit dem neuen Unterrichtsthema vertraut zu machen. Denn „Schüler untersuchen vorgegebene Statistiken hochmotiviert auf Fehler und Manipulationen hin und stellen sachorientierte kritische Fragen."[6]

---

[6] Kütting, H. (1994). S. 149.

Als Lehrer sollte man zu Beginn noch auf die Fehler und Manipulationen hinweisen. Anschließend analysieren und interpretieren die Schüler selbstständig mithilfe ihrer Vorerfahrungen die vorgelegten Statistiken.

Im folgenden Beispiel ist eine grafische Darstellung mit einem kommentierenden Text gegeben. Die Aufgabenstellung lautet: *„Was könnt ihr aus dieser Statistik ablesen?"*

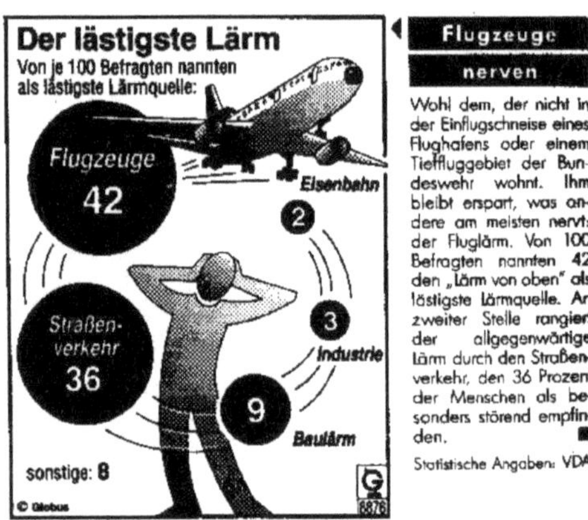

(Entnommen: auto & reise, 1-2/93, S.50)

Abbildung 2: Manipulierte und fehlerhafte Statistik.

Nach der Betrachtung wird im Unterrichtsgespräch festgestellt, dass das Ergebnis ziemlich überraschend ist. Denn „gemessen am Anteil der Bevölkerung von Deutschland, der vom Fluglärm gar nicht oder kaum betroffen ist, scheint die Zahl sehr hoch zu sein, insbesondere im Vergleich zum Lärm im Straßenverkehr."[7]

Daraus resultiert, dass die Aussagekraft dieser Statistik nur gering ist, da mehrere „Regeln" nicht beachtet wurden. So wird beispielsweise nicht gezeigt, wie die Befragten ausgewählt wurden. Daher stellt sich auch die Frage, ob es sich hier überhaupt um eine repräsentative Umfrage handelt. Des Weiteren wird der Wortlaut der Fragestellung nicht mitgeteilt. So fordert die Frage „Welchen Lärm würden sie als besonders störend empfinden?" eine andere Antwort als „Durch welchen Lärm fühlen sie sich besonders gestört?".[8]

---

[7] Kütting, H. (1994). S. 140

[8] Vgl. Kütting, H. (1994). S. 140.

Mithilfe einer solchen manipulierten Statistik lässt sich gut überleiten zu ersten Fachbegriffen wie beispielsweise *Stichprobe, Grundgesamtheit* und *Merkmal.*

Auch hier lassen sich im Verlauf der Unterrichtseinheit „Statistik" die vorgegebenen verfälschten und manipulierten Statistiken ausbessern und zu repräsentativen Statistiken umformen.

3.2 Grundbegriffe

3.2.1 Grundgesamtheit

Als Grundgesamtheit wird allgemein die Gesamtheit aller Merkmalsträger bezeichnet. Sie „geht immer von einer Menge von Objekten aus, die man beschreiben möchte. Deren Elemente werden dann auf eine Eigenschaft hin betrachtet."[9]

Diesen Sachverhalt kann man den Schülern gut anhand des Beispiels „Umfrage in einer Klasse" erklären, wobei die Grundgesamtheit die Menge aller Schüler wäre. Dementsprechend kann man noch weitere Beispiele anfügen, wobei die Schüler selbst die Grundgesamtheit nennen müssen (z.B. Bundeskanzlerwahl, Durchschnittsnotenberechnung, etc.).

3.2.2 Merkmale, Merkmalsausprägungen

Merkmalsträger sind Objekte, die bei einer statistischen Erhebung (Umfrage o.ä.) beobachtet werden. Diese weisen bestimmte Merkmale auf, wie beispielsweise Alter, Geschlecht, Körpergröße.[10] Dazu kann man den Schülern die Aufgabe stellen, die Merkmalsausprägungen zu bestimmen. In diesem Fall wären *männlich/weiblich, 0 Jahre – 100 Jahre* und *0 cm – 247,5cm* richtige Antworten.

3.2.3 Stichprobe

Eine Stichprobe sollte immer ein Spiegel der Gesamtheit sein. Deshalb sind bestimmte Auswahlverfahren zur Bestimmung einer Teilmenge notwendig, damit sie als Repräsentant einer statistischen Gesamtheit gelten kann.

---

[9] Eggs, H. (1984-1985). S. 2.

[10] Vgl. Heilmann, D. (1985). S. 44.

Hierzu könnte man die Schüler fragen, was passieren könnte, wenn man willkürlich die Merkmalsträger auswählen würde. Im Unterrichtsgespräch würde sich dann herausstellen, dass beispielsweise eine bestimmte Gruppe nicht berücksichtigt und somit das Ergebnis verfälscht wird.

Eine geeignete Aufgabe hierfür wäre: „Auf was müsste man bei einer repräsentativen Wahlumfrage in Deutschland achten?" Die Schüler müssten dann antworten, dass die Stichprobe Vertreter der Altersgruppe ab 18 Jahren enthält, sowie verschiedene Berufs- und Verdienstgruppen berücksichtigt und auch Vertreter verschiedenster Familienstände und Kinderanzahl einschließt.

3.2.4 Absolute und Relative Häufigkeit

Die *Absolute Häufigkeit* gibt an, wie oft bei einer Auswertung einer Erhebung die einzelne Merkmalsausprägung vorkommt.[11]

Die *Relative Häufigkeit* wird häufig prozentual angegeben und ergibt sich aus der Beziehung absolute Häufigkeit :Stichprobenumfang.[12]

In der unterrichtlichen Umsetzung wäre es möglich, die Umfrageergebnisse nach der Lieblingsmusikgruppe bezüglich einer „Klassenbefragung" und einer „Pausenhofbefragung" zu vergleichen. Für jede Gruppe sollte dann der prozentuale Anteil berechnet und die Ergebnisse in Säulendiagrammen dargestellt werden. Der berechnete prozentuale Anteil entspricht dann der relativen Häufigkeit, während die Summe der einzelnen Stimmen für die jeweilige Musikgruppe als absolute Häufigkeit bezeichnet wird.

Eine weitere Möglichkeit zur Veranschaulichung der Begriffe besteht darin, die nachfolgende bildhafte Statistik zu analysieren und interpretieren:

---

[11] Vgl. Heilmann, D. (1985). S. 45.

[12] Vgl. Heilmann, D. (1985). S. 45.

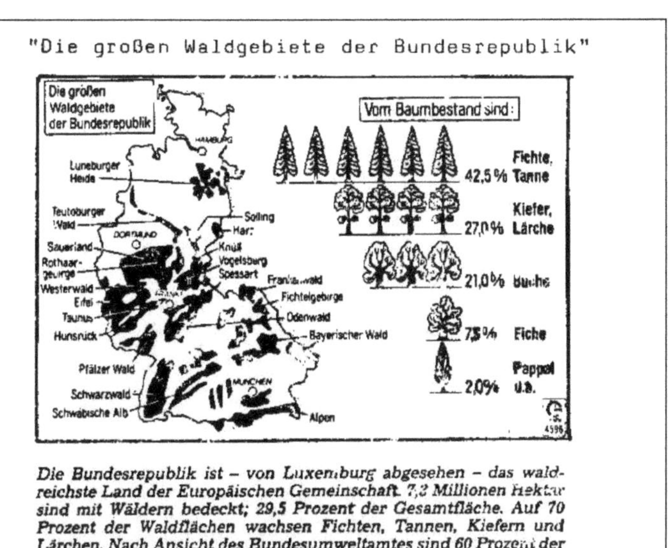

Abbildung 3: Veranschaulichung der Relativen und Absoluten Häufigkeit.

Diese Grafik eignet sich zur Veranschaulichung der Relativen und Absoluten Häufigkeit besonders gut, denn es liegt nur eine geringe Anzahl von Merkmalen vor,[13] deren prozentuale Anteile übersichtlich zugeordnet sind. Des Weiteren ist der Grundwert aus dem Text zu entnehmen. Nach der Klärung dieser Besonderheiten besteht die Aufgabe der Schüler anschließend darin, die absoluten und relativen Häufigkeiten zu bestimmen.[14]

3.2.5 Arithmetisches Mittel (Durchschnitt)

Der „*Durchschnitt*" ist den Schülern durchaus ein geläufiger Begriff. Ziemlich alle können schon seit Jahren selbstständig ihren Notendurchschnitt berechnen. Aber nun sollen sie den Begriff „Mittelwert" verwenden lernen und ihn auch berechnen können.

Als Hinführung zum Thema eignet sich folgende Zeitungsüberschrift:

„*Haben Schüler zu viel Geld? 14-jährige haben monatlich 21,20 € Taschengeld*"[15]

---

[13] Es kommen nur 5 Merkmale vor: Fichte/Tanne, Kiefer/Lärche, Buche, Eiche, Pappel.

[14] Vgl. Heilmann, D. (1985). S. 9.

[15] Heilmann, D. (1985). S. 19.

Hiermit kann ein Unterrichtsgespräch angeregt werden, wie dieser Wert ermittelt wurde. Schnell wird sich dann herausstellen, dass es sich hier nur um den Durchschnitt handelt, also nicht um den Wert, den jeder 14-jährige tatsächlich jeden Monat zur Verfügung hat. Daraufhin kann man die Frage nach dem durchschnittlichen Taschengeld in der Klasse anschließen. Gemeinsam mit den Schülern sollte der Lehrer dann den Lösungsweg erarbeiten, wobei auf folgende Regeln hingewiesen werden muss:

- Die Daten müssen anonym gesammelt werden

- Die Anzahl der Angaben muss auch mit der Anzahl der Schüler überein stimmen (d.h. auch die Angabe „0 €" muss berücksichtigt werde)

- Der gefundene Wert muss nicht unbedingt dem Wert der Urliste entsprechen.[16]

Dann werden die Daten gesammelt und die einzelnen Beträge werden an die Tafel geschrieben. Diese werden dann addiert und durch die Anzahl der Schüler dividiert. Den erhaltenen Wert kann man dann gegebenenfalls noch mit dem Wert aus der Zeitungsmeldung vergleichen und eventuelle Abweichungen begründen.

Der Begriff „*Mittelwert*" lässt sich anhand der folgenden Aufgabe gut veranschaulichen:

„Susi hat sich in der letzten Woche notiert, wie lange sie täglich Hausaufgaben gemacht hat."[17]

```
Montag:          2 1/2 Stunden
Dienstag:        1     Stunde    50 Minuten
Mittwoch:        1     Stunde     5 Minuten
Donnerstag:      2     Stunden
Freitag:           1/4 Stunde
Samstag:         0     Stunden
Sonntag:           1/2 Stunde
```

Abbildung 4: Susis tägliche Hausaufgabenzeiten.

Daraus ergibt sich die Frage, wie lange Susi durchschnittlich am Tag gearbeitet hat. Dann sollen die Schüler ein Säulendiagramm zeichnen, an dem die tägliche Arbeitszeit abzulesen ist. Nun bietet sich die Einführung des *Mittelwertes* an. Den Mittelwert kann man nämlich nun folgendermaßen als waagerechte Linie in das Diagramm eintragen:

---

[16] Vgl. Heilmann, D. (1985). S. 20.

[17] Heilmann, D. (1985). S. 20.

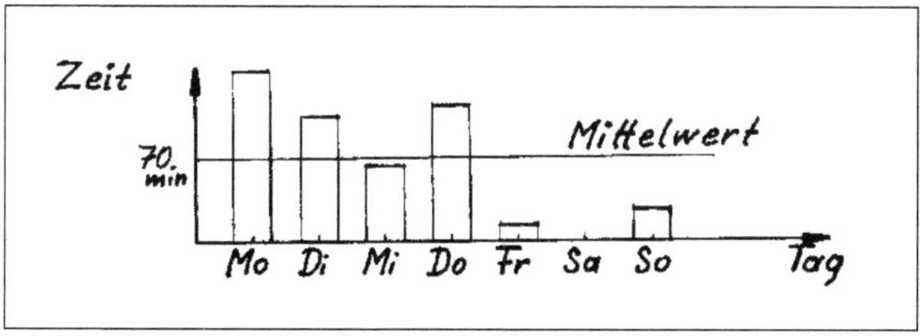

Abbildung 5: Grafische Darstellung der Hausaufgabenzeit.

Anhand dieser Skizze kann man nun den Schülern veranschaulichen, dass die Differenz zwischen der eingezeichneten Gerade und der jeweiligen Säule woanders wieder ausgeglichen werden kann. Misst oder schneidet man die „Differenzen" aus, kann dies leicht überprüft werden. Mit dieser Aufgabe soll aber vorrangig die Vorstellung von der durchschnittlichen täglichen Arbeitszeit vermittelt werden. Die Schüler müssen allerdings auch erkennen, dass der Mittelwert nicht unbedingt genau in der Mitte liegen und auch nicht mit dem häufigsten Wert übereinstimmen muss. Mithilfe einer neuen Aufgabenstellung kann dieser Sachverhalt besser veranschaulicht werden: Zunächst werden in der Klasse Daten gesammelt, wie lange jeder Schüler in der aktuellen Woche durchschnittlich mit den Hausaufgaben beschäftigt war. Diese werden dann folgendermaßen an die Tafel geschrieben:

Zeit in Stunden	Anzahl der Schüler
0	1
1	0
2	1
3	1
4	4
5	3
6	7
7	1
8	5
9	0
10	0
11	2
12	2
13	0
14	0
15	0
16	0
17	0
18	3

Abbildung 6: Durchschnittliche Hausaufgabenzeit der Schüler.

Dann wird im Unterrichtsgespräch die Frage gestellt, welche Zeitangabe am häufigsten genannt wurde. Dieser Wert soll schließlich mit dem Mittelwert verglichen werden.[18] Der Mittelwert beträgt 7,5 Stunden, während am häufigsten 6 Stunden genannt wurde. Den Schülern wird nun klar, dass der Mittelwert und der am häufigsten genannte Wert nicht überein stimmen müssen.

3.2.6 Spannweite und mittlere (lineare) Abweichung

Um ein differenzierteres Ergebnis bei der Auswertung von Datenmaterial zu erhalten, müssen auch Streumaße berücksichtigt werden. Die *Spannweite* ist dabei das „einfachste Maß für die Streuung einer statistischen Erhebung."[19] Den Schülern muss dabei verdeutlicht werden, „dass die Spannweite Informationen über statistisches Material gibt, die aus dem Mittelwert allein nicht zu erkennen sind."[20] Sie geht aus der „Differenz zwischen der größten und kleinsten auftretenden Merkmalsausprägung" hervor.[21]

Ein erstes Beispiel zur Vermittlung des Sachverhaltes eignet sich folgende Aufgabenstellung:

„Familie Müller möchte auch im Winterurlaub etwas Wärme haben. Aus dem Reiseprospekt suchen sie sich einen Ort heraus mit einer jährlichen Durchschnittstemperatur von 26°C. Welche Temperatur können sie im Januar erwarten?

Hier wird sich im Unterrichtsgespräch schon herausstellen, dass durchaus auch niedrigere Temperaturen zu erwarten sind. In einem weiteren Beispiel wird diese Erkenntnis etwas genauer betrachtet:

„Im Erdkundebuch sind die mittleren Monatstemperaturen für In Salah (Algerien) und Iquitos (Peru) wie folgt angegeben:"

---

[18] Vgl. Heilmann, D. (1985). S. 23.

[19] Vgl. Heilmann, D. (1985). S. 29.

[20] Heilmann, D. (1985). S. 28.

[21] Heilmann, D. (1985). S. 48.

	Iquitos	In Salah
Januar	26	12,6
Februar	26	15,2
März	26	19,9
April	25	24,5
Mai	26	29,5
Juni	25	34,6
Juli	25	37,4
August	25	36,1
September	26	33,1
Oktober	27	26,7
November	27	19,1
Dezember	27	14,3

Abbildung 7: Temperaturtabelle.

Bezüglich der Daten sollen dann für beide Orte ein Temperaturdiagramm erstellt, sowie die jährliche Durchschnittstemperatur berechnet werden. In die erstellten Diagramme sollen dann die dazugehörigen Mittelwerte als Gerade eingetragen werden.

Damit die Bearbeitung der Aufgabe nicht in Routine verfällt, bietet sich hier auch die Arbeit mit einem Statistik-Computerprogramm wie beispielsweise Excel an. Die eingetragenen Daten kann man dann mithilfe des Programms zum Mittelwert verarbeiten und schließlich in einem Diagramm darstellen:

Iquitos	In Salah
26	12,6
26	15,2
26	19,9
25	24,5
26	29,5
25	34,6
25	37,4
25	36,1
26	33,1
27	26,7
27	19,1
27	14,3
25,9166667	25,25

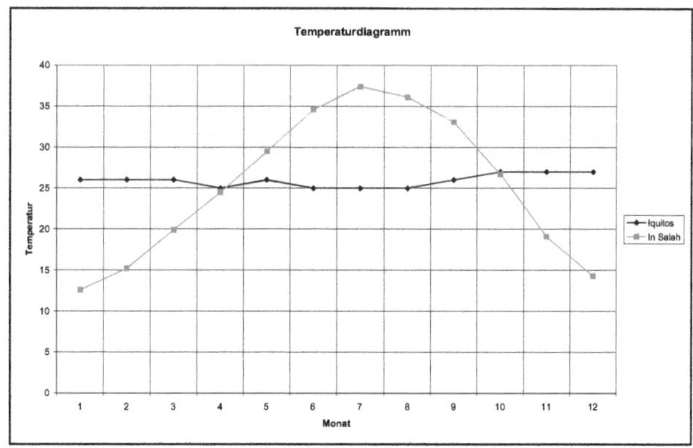

Im Anschluss soll die Differenz zwischen der jeweils höchsten und der jeweils tiefsten Temperatur angegeben werden. Hierbei kann der Begriff der Spannweite eingeführt und erläutert werden.

Die Bedeutung der Spannweite kann anhand des folgenden Beispiels nochmals hervorgehoben werden:

Der Vergleich der Zeiten beim 100m – Lauf zweier Klassen ergab folgende Ergebnisse:

8a: Durchschnittszeit 14,3 s   Spannweite: 5,7 s

8b: Durchschnittszeit 14,5 s   Spannweite: 3,7 s

Daraus ergibt sich die Aufgabenstellung: „*Welche Klasse ist im 100m – Lauf ausgeglichener?*"[22] Die Schüler werden dann feststellen, dass die Spannweite den Ausschlag für die Lösung der Aufgabe gibt. Die Klasse 8b hat eine geringere Spannweite als die Klasse 8a und läuft die 100m in annähernd angeglicheneren Zeiten als die Klasse 8a.

Neben der Spannweite gehört auch die *Mittlere Abweichung* zu den Streuungsmaßen, die mithilfe der folgenden Aufgabenstellung eingeführt werden soll:

Bei einer Mathematikarbeit, die in zwei Klassen geschrieben wurde, gab es folgende Punktverteilung:[23]

Klasse A:

Punkte:	25	22	21	20	19	7	4	2
Schüler:	4	3	2	1	2	2	4	2

Klasse B:

Punkte:	25	20	18	17	16	15	14	13	12	8	2
Schüler:	1	1	3	1	3	4	2	2	1	1	1

Abbildung 8: Punktverteilung bei einer Mathematikarbeit.

Bei der Berechnung von Mittelwert und Spannweite fällt auf, dass beide übereinstimmen, obwohl die Arbeit in Klasse B deutlich schlechter ausgefallen ist.[24] Im Unterrichtsgespräch soll dann deutlich

---

[22] Heilmann, D. (1985). S. 29.

[23] Heilmann, D. (1985). S. 30.

gemacht werden, „dass bei der Spannweite nur die beiden Randwerte betrachtet werden, dass es aber sinnvoller ist, alle Werte für ein Streuungsmaß zu berücksichtigen.“[25]

Deshalb ist hierfür die Erarbeitung der mittleren Abweichung sinnvoll. Dazu wird an der Tafel eine Strichliste für die Ergebnisse der Arbeiten geführt und der Mittelwert markiert.

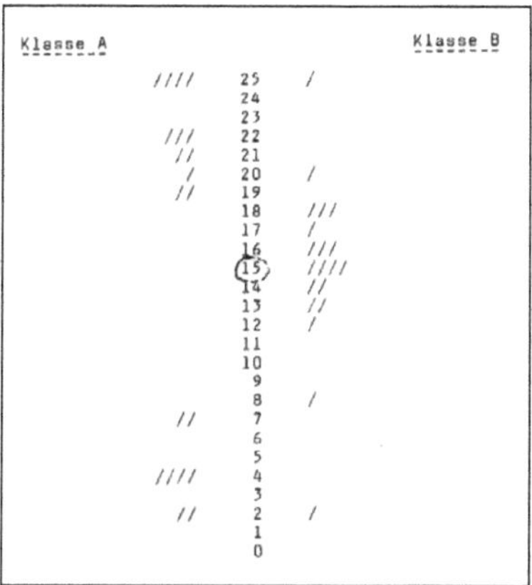

Abbildung 9: Veranschaulichung zugunsten der Mittleren Abweichung.

Bei der Betrachtung soll von den Schülern festgestellt werden, dass die meisten Ergebnisse der Klasse B dicht um den Mittelwert liegen, während viele Ergebnisse von Klasse A weit von Mittelwert abweichen.

Diese Tatsache wird bei der Berechnung der Spannweite nicht berücksichtigt, da lediglich die beiden Randwerte betrachtet werden. Deshalb ist das Streumaß der *Mittleren Abweichung* zu wählen, da es alle Werte erfasst.[26]

3.2.7 Zentralwert/Median

Im Folgenden wird den Schülern eine weitere Möglichkeit vorgestellt, mit der man den die Noten einer Klassenarbeit mit einem Wert zusammenfassen kann – dem Median. Er ist so

---

[24] Mittelwert für Klasse A und B = 15; Spannweite für Klasse A und B = 23

[25] Heilmann, D. (1985). S. 30.

[26] Vgl. Heilmann, D. (1985). S. 31.

bestimmt, „dass er in der Mitte der Reihe einer der Größe nach geordneten Datenmenge liegt."[27] Zur Bestimmung genügen somit lediglich Rangmerkmale (qualitative Merkmale).

Ein geeignetes Beispiel ist der Vergleich von Zeugnisnoten zweier Klassen:

Ein Lehrer unterrichtet in zwei Parallelklassen dasselbe Fach. Am Ende eines Schuljahres vergleicht er beide Klassen anhand der von ihm gegebenen Zeugnisnoten. Es sind folgende Noten:[28]

> *Klasse A: 2,5,4,2,4,4,3,1,4,6,3,4,3,4,5*
>
> *Klasse B: 3,5,3,4,4,3,6,2,1,5,6,4,3,2,4,5,3,6,2,1*

Die Durchschnittsnote von beiden Klassen wäre 3,6. Um einen besseren Überblick zu bekommen, werden die Noten nach ihrem Rang geordnet:

> *Klasse A: 1,2,2,3,3,3,4,4,4,4,4,4,5,5,6*
>
> *Klasse B: 1,1,2,2,2,3,3,3,3,3,4,4,4,4,5,5,5,6,6,6*

Nun kann man den Median ermitteln, indem man die Werte links und rechts gleichzeitig streicht. Der Wert der übrig bleibt entspricht dann dem Median. Bleiben zwei Werte übrig, wird zur Bestimmung des Zentralwertes deren Durchschnitt gebildet. Eine weitere Möglichkeit ist die Berechnung mithilfe folgender Regel:

$$x_{0,5} = \begin{cases} x_{\left(\frac{n+1}{2}\right)} & \text{bei ungeradem } n \\[2ex] x_{\left(\frac{n}{2}\right)} \text{ oder } x_{\left(\frac{n}{2}+1\right)} & \text{bei geradem } n. \end{cases}$$

[29]

Der Median in unserem Beispiel liegt also für Klasse A bei 4 und für Klasse B bei 3,5. Hierbei wird den Schülern deutlich gemacht, dass es trotz des gleichen Durchschnitts Abweichungen in der Betrachtungsweise geben kann. Der Median bestätigt nämlich den ersten Eindruck, dass Klasse B etwas besser ist als Klasse A. Mithilfe des Zentralwertes ist

---

[27] Kütting, H. (1994). S. 94.

[28] Eggs, H. (1984-1985). S.

[29] Kütting, H. (1994). S. 94

nun eine weitere Möglichkeit gegeben, Statistiken etwas differenzierter und genauer auszuwerten.

3.3 Grafische Darstellungen

Während der vorangehenden Bearbeitung der Grundbegriffe sollten den Schülern bereits Kenntnisse über die einfachen Grafischen Darstellungen wie Stab- und Säulendiagramm vermittelt werden. Auch Tabellen, Blockdiagramme, Histogramme sollten bearbeitet werden. Kreisdiagramme sollten bekannt sein, müssen aber aufgrund der Schwierigkeiten bei der Umrechnung von Prozentsätzen in Winkel, nicht angewandt werden. Stengel – Blatt – Diagramme betonen besonders gut den Anwendungsbezug, da sie vielen im Alltag beispielsweise bei Fahr- oder Gewichtsplänen begegnen.

Ziel ist es, die Schüler zu befähigen selbstständig statistische Angaben in ein Diagramm einzutragen und bezüglich der Aufgabenstellung einen geeigneten Diagrammtyp auszuwählen. Dazu muss den Schülern die Vielfalt der grafischen Darstellungsmöglichkeiten bekannt sein und ein souveräner Umgang mit ihnen geübt werden. Denn nur dann können sie Diagramme richtig lesen und auch zu einer kritischen Betrachtung in der Lage sein.

3.4 Kritischer Umgang mit Statistiken

Der Kritische Umgang mit Statistiken soll mit im Mittelpunkt bei der Behandlung des Unterrichtsfeldes stehen. Die Beurteilung von statistischen Aussagen soll Gegenstand des Unterrichts sein. Dabei soll die „Kritik- und Urteilsfähigkeit der Schüler gegenüber Statistik geschult werden."[30]

Den Schülern wird anfangs folgende Frage gestellt:

Die Lebensdauer einer Energiesparlampe beträgt 8000 Stunden! Was ist damit gemeint?

Im Unterrichtsgespräch könnten folgende Vorschläge kommen:

-      Die Lampe hält höchstens 8000 Stunden

---

[30] Heilmann, D. (1985). S. 34.

-   Sie hält mindestens 8000 Stunden.

-   Alle Lampen halten genau 8000 Stunden.

-   Die meisten Lampen halten genau 8000 Stunden.

-   Es gibt eine Lampe, die 8000 Stunden hält

-   Im Durchschnitt halten die Lampen 8000 Stunden.[31]

Zur Schulung der kritischen Betrachtung ist das hinzuziehen von grafischen Darstellungen unerlässlich. „Diese eignen sich nämlich besonders gut zur gewollten oder ungewollten Beeinflussung."[32] Durch Weglassen von Diagrammteilen oder durch geschickte Wahl des Maßstabes kann nämlich ein falscher Eindruck erweckt werden.

Im Folgenden ist ein Beispiel für eine solche verfälschte Grafik gegeben:

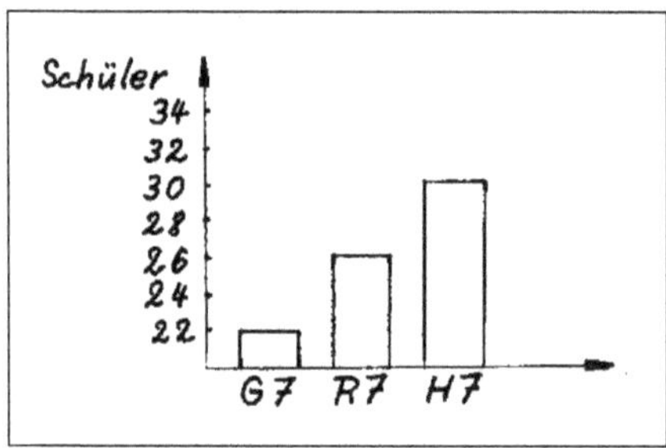

Abbildung 10: Verfälschte Grafik.

Zu sehen ist die Schüleranzahl in den einzelnen Klassen G7, R7 und H7. Auf den ersten Blick wird der Eindruck erweckt, als ob die H7 über viermal so viele Schüler wie die G7 verfügt. Zur Verdeutlichung sollen die Schüler zunächst genau diesen ersten Eindruck beschreiben. Dann wird die Frage gestellt, wie viele Schüler jede Klasse tatsächlich hat. Dann soll eine Grafik gezeichnet werden, „welche den Sachverhalt genauer wiedergibt."[33]

Auch die Kritikfähigkeit gegenüber Zeitungsmeldungen sollte anhand der folgenden fiktiven Schlagzeile geschult werden:

---

[31] Vgl. Heilmann, D. (1985). S. 34.

[32] Heilmann, D. (1985). S. 35.

[33] Heilmann, D. (1985). S. 35.

Mädchen weniger anfällig gegen Krankheiten. In der Mittelpunktschule der Kreisstadt ist eine schwere Krankheit ausgebrochen, die bereits 20% der Schüler erfasst hat. Dabei scheint die Krankheit Jungen zu bevorzugen, da 75% der Kranken männlich sind.[34]

Den Schülern kann mit diesem Beispiel gezeigt werden, „wie man aus unvollständigen Daten falsche Schlussfolgerungen ziehen bzw. falsche Schlüsse glaubhaft unterbreiten kann."[35] Denn „in diesem Beispiel kann man aus der Krankheitsverteilung nur dann Schlüsse ziehen, wenn man sie mit der Gesamtverteilung vergleichen kann."[36] Den Wahrheitsgehalt der Überschrift kann man deshalb vorerst nicht überprüfen.

Dann werden den Schülern weitere Zusatzdaten geliefert:

Die Schule hat 600 Schüler. Davon sind 75% Jungen und 25% Mädchen[37].

Mit diesem Wissen soll nun berechnet werden, wie viele Mädchen diese Schule besuchen, wie viel Prozent der Jungen und wie viel Prozent der Mädchen erkrankt sind. Diese Ergebnisse werden nun mit der Zeitungsmeldung verglichen. Schnell wird auch den Schülern klar, dass man nur detailliert erläuterten Statistiken trauen kann.

3.5 Abschlussprojekt

Aufgrund des optimalen Alltagsbezuges bietet sich das Unterrichtsthema Statistik geradezu an, ein komplexes Thema aus dem direkten Lebensumfeld gemeinsam mit den Schülern zu erarbeiten. Steht das Abschlussprojekt am Ende der Unterrichtseinheit hat zweierlei Vorteile. Zum einen werden alle Lerninhalte nochmals wiederholt. Zum anderen wird der praktische Anwendungsaspekt der Statistik besonders deutlich.

Zunächst sucht man gemeinsam mit den Schülern ein Thema, das man statistisch erheben und bearbeiten möchte. Idealerweise wird die Klasse in Gruppen aufgeteilt und jeweils ein eigenes Gruppenthema festgelegt. So treten differenziertere Fragen und Probleme auf und die Palette der Themen wird vielseitiger und somit für alle Schüler interessant.

---

[34] Heilmann, D. (1985). S. 40.

[35] Heilmann, D. (1985). S. 40.

[36] Heilmann, D. (1985). S. 40.

[37] Heilmann, D. (1985). S. 40.

Als Beispiel wird eine Umfrage zum Thema „Taschengeld" (z.B. Abhängigkeit der Höhe des Taschengeldes von Alter bzw. Geschlecht) durchgeführt.

In der *ersten Phase* wird die **Befragung vorbereitet**. Dazu legt man den Befragungsumfang fest und erstellt einen Fragebogen. Dabei muss darauf geachtet werden, dass die Daten anonym erhoben werden. Es muss auch darauf geachtet werden, welche Merkmale ausgewählt werden, damit die Auswertung später nach diesen Gesichtspunkten stattfinden kann. Dabei sollte man sich, für eine leichtere Auswertung, auf 3 Merkmale beschränken. Dann sollten sich alle Gruppen auf eine geeignete Stichprobe einigen, um später einen eventuellen Vergleich durchzuführen.[38]

Die **Durchführung der Befragung** erfolgt in der zweiten Phase.[39]

Schließlich findet in Phase 3 die **Auswertung der gesammelten Daten** in den einzelnen Gruppen statt. Hierfür müssen die einzelnen Auswertungsschritte vorher gemeinsam festgelegt werden. Die nachfolgende Reihenfolge soll nur als Orientierung dienen und kann auch abgeändert werden. Die Aufstellung einer Urliste sollte zu Beginn erfolgen. Dann werden die in der ersten Phase ausgewählten Merkmale aufgeschlüsselt (nach Geschlecht, Alter, etc.). Danach kann der Mittelwert berechnet, die Daten grafisch dargestellt und die Spannweite ermittelt werden. [40]

In der Phase 4 kommt es zur **Gesamtauswertung**. Hierfür stellen alle Gruppen ihre Ergebnisse vor. Diese werden von den jeweils anderen Gruppen gegebenenfalls korrigiert oder kritisiert.

Als Abschluss findet in der 5. Phase die **Information der Befragten** über die Ergebnisse statt. Dies kann entweder zentral (als Aushang am schwarzen Brett) und kreativ gestaltet oder intern (Informierung der Befragten) erfolgen.[41]

---

[38] Vgl. Heilmann, D. (1985). S. 41/42.

[39] Vgl. Heilmann, D. (1985). S. 42.

[40] Vgl. Heilmann, D. (1985). S. 42.

[41] Vgl. Heilmann, D. (1985). S. 43.

4　Warum Statistik in der Schule?

Im Lehrplan werden Anforderungen an den Mathematikunterricht wie folgt festgelegt:

Der Unterricht sollte so gestaltet werden, dass er „die Interessen und Neigungen von Mädchen und Jungen in gleichem Maße anspricht und fördert. "[42]

Der Statistikunterricht hält ein breites Spektrum an realen Situationen bereit, welche die Schüler mehr motivieren als fiktive Situationen.[43] So ist es für Jugendliche beispielsweise eine anspruchsvolle, interessante und durchaus zumutbare Aufgabe zu Datenmaterial aus statistischen Jahrbüchern Fragestellungen zu formulieren bzw. Auswertungen vorzunehmen. Aber auch die Tatsache, dass auch Schüler unbewusst eigene Statistiken anfertigen (z.B. „Welcher Lehrer ist in der Klasse am beliebtesten?", „Wer geht wo am liebsten einkaufen?" etc.) spricht für die sachgemäße Behandlung des Themas. „Reale Situationen sollten deshalb im Unterricht den Vorrang haben, auch wenn notwendige außermathematische Sachkenntnisse ggf. zusätzlich erarbeitet werden müssen."[44]

Die Schüler müssen „für zukünftige, komplexe und im Detail noch nicht vorhersehbare Situationen zu selbstständigem, kritischem Denken und Handeln" befähigt werden.[45]

„Deshalb werden auch solche Anwendungen im Mathematikunterricht bearbeitet, die nicht nur lebensnah, interessant und für Schüler bewältigbar sind, sondern auf gesellschaftliche Probleme und Aufgaben (wie ökologische und wirtschaftliche Fragen) hinweisen und Möglichkeiten individuellen Engagements aufzeigen [...]. "[46]

Der Unterricht dient in erster Linie dazu, unsere Kinder auf das Leben vorzubereiten. Leider kommt dieser Aspekt bei der zu bewältigenden Stoffmenge oftmals zu kurz. Die Statistik hingegen bietet neben den fachwissenschaftlichen Grundlagen ein enormes Potential an "Lebensnähe". Denn „bei gesellschaftlichen, politischen und wirtschaftlichen Fragen wird heute zunehmend mit statistischen Daten argumentiert. Zeitungen, Zeitschriften und Fernsehen verwenden Tabellen, grafische Darstellungen, Mittelwerte und Anteilsangaben, um Informationen zu übermitteln. Auch im Mathematikunterricht und in den anderen

---

[42] Lehrplan S. 10.

[43] Vgl. http://www.mathematik.uni-kassel.de/stochastik.schule/sisonline/struktur/jahrgang17-97/heft3/br.htm

[44] http://www.mathematik.uni-kassel.de/stochastik.schule/sisonline/struktur/jahrgang17-97/heft3/br.htm

[45] Lehrplan S. 10.

[46] Lehrplan S. 10.

Unterrichtsfächern treten immer wieder statistische Daten in Form von Tabellen und Grafiken auf, die der Schüler richtig lesen und interpretieren soll. Dazu sind Sachkenntnisse erforderlich."[47] Projekte, wie beispielsweise die Erhebung und Auswertung von Daten, können den Mathematikunterricht auch im Hinblick auf vielfältige Arbeit mit Sozialformen unwahrscheinlich bereichern.

Der Lehrplan fordert zusammenfassend die *„Gestaltung eines lebensverbundenen Unterrichts", der „insbesondere:*

- *an die Erfahrungswelt der Schüler anknüpft*
- *auf Anschaulichkeit und Fassbarkeit basiert*
- *sich auf aktuelle Gegebenheiten und Ereignisse bezieht*
- *vielfältige, ausgewogene Schülertätigkeiten mit einbezogen werden*
- *fächerübergreifendes, problemorientiertes Arbeiten fördert*
- *individuelles und gemeinsames Lernen in verschiedenen Arbeits- und Sozialformen unterstützt.*[48]

Der Unterrichtsgegenstand Statistik kann all diese Anforderungen bei richtiger Durchführung, im Vergleich zu anderen Unterrichtsgegenständen der Mathematik, hervorragend erfüllen. Deshalb sollte die Statistik, auch wenn sie erst für das Ende des Schuljahres vorgesehen ist, nicht vernachlässigt werden.

---

[47] Kütting, H. (1994). S. 9.

[48] Lehrplan S. 6

5   Stand der Statistik als Unterrichtsthema

Aus meiner eigenen Schulzeit weiß ich noch, dass Statistik im Mathematikunterricht kaum eine Rolle gespielt hat. Der Stochastikunterricht wurde generell zugunsten von Prüfungsvorbereitungen und Wiederholungen nur auf das nötigste reduziert. Auch die Ferienstimmung in den letzten beiden Schulwochen demotivierte dazu, ein neues Stoffgebiet zu beginnen. Dabei ist er das Thema hochaktuell – und doch gerne vergessen.

Diesen Eindruck möchte ich gerne etwas differenzierter überprüfen. Dazu werde ich Lehrbücher der 8. Klasse auf ihre Statistik – Anteile untersuchen. Allerdings habe ich dazu nur sieben Exemplare aus unterschiedlichen Bundesländern zur Verfügung, deren Lehrpläne ich nicht kenne. Diese entstammen auch größtenteils aus unterschiedlichen Erscheinungsjahren.

Ich möchte nochmals darauf hinweisen, dass mein Vorgehen nur eine oberflächige Betrachtung der Thematik ist, da dies nicht Gegenstand meiner Arbeit sein soll. Für eine genauere Untersuchung müssten mehrere und auch aktuellere Mathematikbücher untersucht und verglichen werden. Zusätzlich wären Längsschnittstudien an Schulen unerlässlich.

Da die Inhalte der Schulbücher oftmals auch die Inhalte des Unterrichts bestimmen, werde ich anhand des Stellenwertes des Themas Statistik in Schulbüchern der betreffenden Klassenstufe Rückschlüsse auf den Stellenwert des Themas im Schulunterricht ziehen. Dazu werde ich folgende Daten zur Hilfe nehmen:

	(1)[49] Mathematikbuch 8, 1985	(2)[50] Mathematik, 1985	(3)[51] Spektrum der Mathematik, 1986	(4)[52] Mathematik 8. Schuljahr, 1989	(5) Mathematik 8. Schuljahr, 1990	(6)[53] Gamma Mathematik 8, 1991	(7)[54] Mathematik 8, 1989
Anzahl der Seiten	122	193	199	244	246	192	178
Anzahl der Kapitel	9	9	7	14	14	13	8
Durchschnittl iche Seitenanzahl pro Kapitel	13,5 Seiten	21,4 Seiten	28,4 Seiten	17,4 Seiten	17,6 Seiten	14,8 Seiten	22,25 Seiten
Nummer des Statistik-Kapitels	8	9	6	12 bis 14	Nicht vorhanden -	12	7
Anzahl der Seiten des Statistik - Kapitels	10	18	13	43	-	18	18
Anteil des Statistik-Kapitels am Buch	9,84%	9,32%	6,53%	17,62%	-	9,38%	10,11%

[49] Schmitt, H. (1985).

[50] Schulz, Prof. Dr. W., Stoye, Prof. Dr. W. [Hrsg.] (1985).

[51] Tischel, G. [Hrsg.] (1986).

[52] Lauter, Prof. Dr. J. [u.a.] (1989).

[53] Lauter, Prof. Dr. J. [u.a.] (1990).

[54] Becker, O. [u.a.] (1989).

Bis auf eine Ausnahme bei Schulbuch (4) nimmt Statistik nur einen geringen Teil am Buch ein. Der geringste Anteil beträgt 6,52% bei Schulbuch (3). Es sind allerdings keine Entwicklungen oder Kontinuitäten im Laufe der Zeit zu erkennen. Mich hat allerdings überrascht, dass das Mathematikbuch (5) die Statistik gar nicht thematisiert, wobei doch nur eine Auflage vorher (Buch (4)) das Thema mit am größten angelegt war.

Ein weiteres Indiz für die Vernachlässigung des Themas ist in der Tatsache zu finden, dass die Seitenanzahl der Statistik-Kapitel bei den meisten Schulbüchern ((1),(2),(3),(5),(7)) unter der durchschnittlichen Anzahl der Seiten pro Kapitel liegt.

Des Weiteren sind die Statistik-Kapitel immer ziemlich weit hinten angesiedelt. Das könnte daran liegen, dass sich auch die Verlage an den Vorgaben der Lehrpläne halten und die Stoffgebiete dementsprechend ordnen.

Abschließend ist zu bemerken, dass mein Eindruck doch ziemlich gut bestätigt wurde, dass Statistik im Schulunterricht nur eine untergeordnete Rolle spielt. Aus dem Anteil der Statistik-Kapitel am Buch geht hervor, dass Statistik zwar nicht vergessen, aber doch ziemlich an den Rand gedrängt wird.

6   Fazit

Die Bearbeitung des Themas bereitete mir zunehmend immer mehr Freude. Ich muss zugeben, dass auch ich das Potential dieses Themas unterschätzt habe. Kaum ein anderes Stoffgebiet in der Mathematik bietet ein solch breites Spektrum an didaktischen Umsetzungsmöglichkeiten. Wie bereits erläutert ist der Lebensweltbezug, die Aktualität und Vielfältigkeit des Stoffes eine hervorragende Grundlage für eine ganzheitliche und nachhaltige Umsetzung im Unterricht.

Deshalb kritisiere ich auch die Stellung des Themas im Lehrplan. Die Behandlung eines neuen Stoffgebietes in den letzten beiden Wochen des jeweiligen Schuljahres läuft Gefahr, in Vergessenheit zu geraten oder nur oberflächig bearbeitet zu werden. In meinem Fall geschah die Vernachlässigung des Themas aufgrund von Prüfungsvorbereitungen oder Wiederholungsübungen.

Auch die getrennte Behandlung der Themenbereiche Statistik und Wahrscheinlichkeitsrechnung ist durchaus zu überdenken. Schließlich ist die Statistik ein idealer Zugang zur Wahrscheinlichkeitsrechnung. Schon alleine die Ähnlichkeit vieler Begriffe beider Bereiche[55] fordern regelrecht eine ganzheitliche Behandlung der Themen. Sonst kann es passieren, dass beide Bereiche nicht als zusammengehörig bzw. als getrennte Themen von den Schülern angesehen werden, was dem Potential der Stochastik als Ganzheitliches Thema in keinster Weise gerecht wird.

---

[55] Z.B. Laplace Wahrscheinlichkeit entspricht der Relativen Häufigkeit; Varianz = Varianz, etc.

Literaturverzeichnis

Becker, O. [u.a.] (1989): *Mathematik 8.* Westermann Schulbuchverlag GmbH: Braunschweig.

Eggs, H. (1984-1985): *Stochastik.* Diesterweg [u.a.]: Frankfurt a.M. [u.a.].

Hayen, J. [u.a.] (1991): *Gamma Mathematik 8.* Ernst Klett Schulbuchverlag: Korb.

Heilman, D.; Ressel, J. (1985): *Statistik : Jahrgangsstufe 7 – 9.* HIBS: Wiesbaden.

Kütting, H. (1994): *Beschreibende Statistik im Schulunterricht.* BI-Wiss.-Verl.: Mannheim [u.a.].

Lauter, Prof. Dr. J. [u.a.] (1989): *Mathematik 8. Schuljahr.* Cornelsen Verlag Schwann-Girardet: Düsseldorf.

Lauter, Prof. Dr. J. [u.a.] (1990): *Mathematik 8. Schuljahr.* Cornelsen Verlag Schwann-Girardet: Düsseldorf.

Schmitt, H. [u.a.] (1985): *Mathematikbuch 8.* Bayrischer Schulbuch – Verlag: München.

Schulz, Prof. Dr. W., Stoye, Prof. Dr. W. [Hrsg.] (1985): *Mathematik.* Volk und Wissen Verlag GmbH: Berlin.

Thüringer Lehrplan: *http://www.thillm.de/thillm/start_service_lp.html*

Tischel, G. [Hrsg.] (1986): *Spektrum der Mathematik.* Verlag Moritz Diesterweg: Frankfurt a. M.

http://www.mathematik.uni-kassel.de/stochastik.schule/sisonline/struktur/jahrgang17-97/heft3/br.htm